从日晷到手表的

发明

10 大生活发明

嘉兴小牛顿文化传播有限公司 编著

四川大学出版社
SICHUAN UNIVERSITY PRESS

项目策划：唐　飞　王小碧
责任编辑：宋彦博
责任校对：林　茂
封面设计：呼和浩特市经纬方舟文化传播有限公司
责任印制：王　炜

图书在版编目（CIP）数据

从日晷到手表的发明：10大生活发明 / 嘉兴小牛顿
文化传播有限公司编著 . — 成都：四川大学出版社，
2021.4
　　ISBN 978-7-5690-4114-9

　　Ⅰ．①从… Ⅱ．①嘉… Ⅲ．①创造发明—世界—少儿
读物 Ⅳ．① N19-49

中国版本图书馆 CIP 数据核字（2021）第 001430 号

书名　　从日晷到手表的发明：10大生活发明
　　　　CONG RIGUI DAO SHOUBIAO DE FAMING: 10 DA SHENGHUO FAMING

编　著	嘉兴小牛顿文化传播有限公司
出　版	四川大学出版社
地　址	成都市一环路南一段 24 号（610065）
发　行	四川大学出版社
书　号	ISBN 978-7-5690-4114-9
印前制作	呼和浩特市经纬方舟文化传播有限公司
印　刷	河北盛世彩捷印刷有限公司
成品尺寸	170mm×230mm
印　张	5.5
字　数	69 千字
版　次	2021 年 5 月第 1 版
印　次	2021 年 5 月第 1 次印刷
定　价	29.00 元

◆ 读者邮购本书，请与本社发行科联系。
　电话：(028)85408408/(028)85401670/
　(028)86408023　邮政编码：610065
◆ 本社图书如有印装质量问题，请寄回出版社调换。
◆ 网址：http://press.scu.edu.cn

四川大学出版社
微信公众号

编者的话

在现今这个科技高速发展的时代，要是能够培养出众多的工程师、数学家等优质技术人才，即能提升国家的竞争力。因此STEAM教育应运兴起。STEAM教育强调科技、工程、艺术及数学跨领域的有机整合，希望能提升学生的核心素养——让学生有创客的创新精神，能综合应用跨学科知识，解决生活中的真实情境问题。

而科学家是怎么探究世界解决那些现实问题呢？他们从观察、提问、查找到实验、分析数据、提出解释等一连串的方法，获得科学论断。依据这种概念，"小牛顿"编写了这套《改变历史的大发明》——通过人类历史上80个解决问题的重大发明，以故事的方式引出问题及需求，引导孩子思索蕴藏其中的科学知识和培养探索精神。此外，我们也

希望本书设计的小实验，能让孩子通过科学探究的步骤，体验科学家探讨事物的过程，以获取探索和创造能力。正如 STEAM 最初的精神，便是要培养孩子的创造力以及设计未来的能力。

这本书里有……

📖 发明小故事

用故事的方式引出问题及需求，引导我们思索可能的解决方式。

科学大发明

以前科学家的这项重要发明，解决了类似的问题，也改变了世界。

⏳ 发展简史

每个发明在经过科学家们进一步的研究、改造之后，发展出更多的功能，让我们生活更为便利。

💡 科学充电站

每个发明的背后都有一些基本的科学原理，熟悉这些原理后，也许你也可以成为一个发明家！

✋ 动手做实验

每个科学家都是通过动手实践才能得到丰硕的成果。用一个小实验就能体验到简单的科学原理，你也一起动手做做看吧！

目　录

奏文要写在什么东西上呢？

蔡伦上朝向皇帝进言，他准备实施一套财政措施，要是可以大规模地改革，就能让国库充裕、国家强盛。他已经草拟好要上奏的文章，但是现在却因为一件事情而苦恼。

为了让制度更完善，蔡伦认真地写下每一个细节，不知不觉就写了上万字的奏文。当时大家都是把文本写在竹简上，因此蔡伦写完这篇奏文用了非常多的竹简，这些竹简要装好几辆车呢！然而，上朝的路程遥远，不是一两天就能到达的，这些笨重的竹简放进马车里是小事，可到了投宿地点还得搬下又

这么多竹简要怎么搬呀！

搬上，实在太不方便了！有没有什么方法能减轻这份奏文的重量呢？

也许可以把奏文写在其他的材料上。蔡伦想到古人都是把文字刻在龟甲或石板上，但是这些材料并不能解决重量的问题，难怪已经很少有人拿龟甲或石板写文章了。

其实除了竹简之外，也有人在缣帛上书写。缣帛是由丝织成的，颜色洁白，不像竹简上斑斑点点的，在上面写文章如行云流水。而且缣帛又轻又薄，便于保存、

携带，十分便利，是很理想的材料。但是，缣帛做工繁杂，价格昂贵，只有王宫贵族才有机会使用这种奢侈品，平民百姓就算倾家荡产也买不起啊！

如果用动物的毛皮来当书写材料呢？有位从西域来的商人卖过用羊皮做成的羊皮纸，不过它的价格对蔡伦来说也是天价。那是因为羊皮纸的制作耗时、费工，而且一只羊能取下的羊皮也非常有限，要写上蔡伦的万言奏文，不知道要宰几只羊才够呢！

动物的毛皮不适合，那么可以用花草植物的皮吗？蔡伦撕下一块树皮，发现在上面写字时，墨汁一下就被吸收了，不容易晕开，看起来是很适合的材料。只是树皮太容易破了，要怎么让它变得更坚固呢？

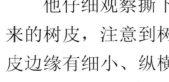

他仔细观察撕下来的树皮，注意到树皮边缘有细小、纵横

交错的线。蔡伦好像在哪儿看过这样的细线？是衣服！他看了看自己身上穿的衣服，心想书写在衣服上太昂贵了，但那些磨破了不能再穿的破布也有这种细线，可是怎么将它们组合、利用呢？

蔡伦开始到处搜集各种各样含有这样细线并且又很便宜甚至不要钱的材料，如树皮、叶子、破布、渔网、粗麻等，然后将它们全部丢到一个大锅里面，用水煮沸，充分搅拌混合为浆汁。接着他从锅里面捞出浆汁，铺在席子上，用石头将浆汁压成扁平状并且沥出水分，再拿去用火烤，让水分完全蒸发。最后蔡伦做出一种又轻又薄又平的材料，在上面书写时也不容易破损，最重要的是，这种材料的制作方法简单，价格非常低廉，拿它来当书写的材料再好不过了，他把这种材料称为"纸"。

又轻又薄又好写的纸！

蔡伦用做出的几十张纸，轻松地写下奏文，而且不需要马车，用自己的双手就能搬动这些纸了。后来，蔡伦成功地说服皇帝推行改革政策，而他做出来的纸也吸引了皇帝的注意，因其便宜又方便的特性被推广开来，城内家家户户也都拿蔡伦做的纸当作新的书写工具。

科学大发明——纸

古代中国商朝人将文字刻在龟甲或兽骨上，后来被称作甲骨文。

莎草纸是由纸莎草的茎制成，因盛产于尼罗河三角洲，被古埃及人广泛应用。

纸张被发明前，人们采用绳索、石块、树皮、兽骨、龟甲作记录，例如在洞穴的墙壁上用符号或绘画来记录事情。但当时还没有出现统一的文字，因此后人也很难推断记录的内容。而且兽骨、龟甲材质非常坚硬，不容易雕刻记录。

约在公元前3000多年，苏美尔人用楔形文本在泥板上记录事情。在其他各地也有不同的记录方式：埃及人用莎草纸来记录；欧洲人用羊皮制成的纸来记录；中国人则是用竹子做成的竹简来记录。然而记录的文字多了，这些书写工具便显得笨重且浪费资源。据说东方朔写奏折给汉武帝时曾用了5000片竹简，两辆马车都拉不完呢！

战国时期，人们发现用蚕丝织成的缣帛洁白又光滑，是当时最轻便的书写材料。但是缣帛的价格太过昂贵，平民百姓根本负担不起，只有王宫贵族才能享有，无法被广泛使用。

到了东汉时期，蔡伦改良了造纸术。他用树皮、破布、麻头和渔网等物品煮成纸浆，再用竹帘把纸浆捞起，通过挤压来过滤水分并用火烘干，形成了纸。蔡伦造纸的材料便宜又容易取得，大大降低了造纸成本，纸张轻薄又方便书写，因此受到

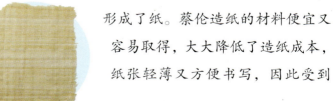

蔡伦当时使用树皮、破布等原料所发明的纸张已经很接近现在使用的纸。

人们的喜爱并被广泛使用。

公元751年，唐朝与阿拉伯帝国之间发生战争。唐军战败后，阿拉伯人俘虏了一些造纸工人，造纸术因此传入阿拉伯。后来，阿拉伯人与欧洲人之间发生了许多战事，造纸术也因此传入了欧洲各国。随后纸张在全世界逐渐普及起来，成为书写与传承文化的重要载体。

现代已发明出一套从原木到制作出纸卷的机器，能快速、大量地造纸。

 ## 发展简史

公元前 3200 年

居住于美索不达米亚的苏美尔人将楔形文字写于泥板上。

约公元前 1200 年

中国商周时期，人们将竹子削成竹片并做成竹简来书写文字。

公元前 170 年

欧洲人开始使用羊皮纸。将羊皮去毛、洗净、刮平、晾干再涂抹，使羊皮变得平滑、光亮，成为可两面书写的羊皮纸。

公元 105 年

东汉的蔡伦改进造纸术后，造纸成本变低，造纸术成为推动人类文化传播的重要大发明，因此造纸术被称为中国古代四大发明之一。

科学充电站

为什么可以在纸上写字涂鸦？

　　拿一张白纸慢慢撕开，仔细观察撕开的地方，会发现有一根根细小的毛丝，这些细小的毛丝称为纤维。把纸放在显微镜下可以看到，原本表面平滑的纸，其实是由很多比头发丝还要细的纤维交错、重叠组成的。

　　如果用放大倍数更大的物镜观察，可以发现被放大的纸张表面，纤维之间的交错处是凹凸不平的，而且在层层叠叠的纤维之间有许多缝隙，这些细小的缝隙可以吸收水分或黏住粉末。

　　当我们使用铅笔、原子笔、彩色铅笔、毛笔等书写工具在纸上涂鸦时，铅笔和彩色铅笔的笔芯粉末会因为纸上的纤维而在纸上留下刮痕；原子笔与毛笔的墨汁则会渗入纸纤维之间的缝隙而留下墨迹，也就成为我们看到的字迹或图画了。

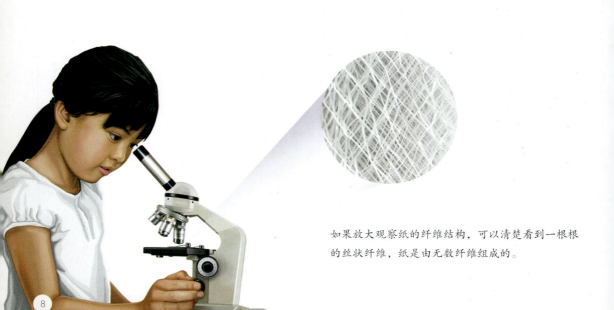

如果放大观察纸的纤维结构，可以清楚看到一根根的丝状纤维，纸是由无数纤维组成的。

动手做实验

做一张再生纸

即使是已经书写过的纸张，也可以拿来重新组合，做出再生纸，反复利用不会浪费呢！

步骤

材料

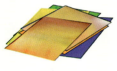

废纸

毛巾

滤网

果汁机

1 把不需要的生活废纸，如废旧报纸、广告纸等剪成小碎纸。

2 将小碎纸浸入水中泡软，浸泡1至2小时。

3 将泡软的纸放入果汁机并打成均匀的纸浆。

4 把滤网放在容器上，将纸浆缓慢倒入滤网中，把水与纸浆分离。通过纸浆上施压以便把水分挤出。

利用毛巾将纸浆片上多余的水吸出，放在阴凉处晾干，或是用吹风机把纸浆吹干，一张再生纸就完成了。

9

怎么知道河流泛滥的时间呢？

托尔是个勤劳的农夫，他每天不辞辛劳地下田耕作。播种后，托尔给农作物灌溉浇水、拔除杂草、驱除害虫、赶走想偷吃的动物，等农作物生长结穗后，就能收获了。

然而，有时候附近的河水会突然暴涨，时不时地就会泛滥，会淹没附近的土地，托尔的田地也跟着遭殃。一旦河水泛滥成灾，农作物只能泡在水里腐烂，一切努力全都付诸东流，最后，他和他的家人都只能饿肚子。

这样下去也不是办法，有没有办法可以阻止河水泛滥呢？如果能够盖一个很高很高的河堤阻挡河水泛滥，田地就不会被暴涨的河水淹没了。只是修建河堤需要很多材料与人力，托尔没有办法找到这些资源。如果只凭一己之力修建个小河堤，肯定没办法阻挡河水，也很容易被冲垮。

既然没办法阻止河水，那就想办法躲避灾害吧。如果能够训练家里的公鸡，让它在河流上游监看，一旦发现河水暴涨，就马上啼叫。这样托尔一听到公鸡啼叫，就能马上离开。只是，他不知道那只笨公鸡能不能被训练成功，而且他也无法确认能赶在河水淹没前采收完农作物，因此这个办法并不能解决问题。

来不及跑了！

要是能够提前知道河流什么时候会泛滥就好了。这样他就可以避开河水易泛滥的时段来耕种，也不会浪费种子，而且还能够保护自己和家人。

但是谁有这种未卜先知的能力呢？托尔去拜访村庄里的祭司，询问下次河流泛滥的时间。然而，祭司只是告诉他，在河水泛滥的前夕必定有征兆，让他多去观察周遭的变化吧。

于是，托尔从白天到夜晚，连日观察河水的变化，却看不到有什么奇怪的事情发生，他想不明白祭司的用意。几天后，河水又泛滥了。虽然农作物再次被水淹没，但是托尔却发现了一件事情。

在河水泛滥前不久，有一天黎明时，天上有一颗星星与太阳一起自东方地平线升起，从那天开始，河水就会频繁泛滥。一段日子后，当周围的树叶开始变色然后飘落，河水就会停止泛滥。托尔多次观察的结果都是一样的。

难道这就是祭司所说的变化吗？于是他将这些事情记录下来。他发现当太阳经过约365次的升起后，那颗明亮的星星必定会在黎明时与太阳一起从东方升起，从那时起，河水会开始泛滥。

这下托尔终于知道河水泛滥的时间了。他只要在那颗星星与太阳一起升起前，离开河流附近，等到树叶开始变色，河水停止泛滥时，再下田播种就行了。他把太阳每次升起到下次升起间的时长定为"日"，每365个日子的时长定为"年"，这样就能知道每年河水泛滥的固定日子了。

在长时间的观察中，他也发现其他许多固定的变化。当树叶变色以后，便会脱落凋零，没有叶子的树会变得光秃秃的，这时候天气也会变冷；一段日子后，当树上长出新芽时，天气会开始变暖；而河水泛滥时，天气刚好是最热的时候。托尔因此发现了季节的变化，他告诉其他同伴，一起将这些变化时间记录下来，这记录下来的时间表就成为年历。从此托尔再也不会为河水泛滥的问题而烦恼了。

天气从温暖到寒冷，
河水从泛滥到消退，
都有一定的规律喔！

科学大发明——历法系统

　　早期的人们，随着太阳起落而调整作息，他们将太阳东升西落的一个周期称为一日。人们发明了日晷来判别一天中的时段，每天同一时刻，日晷的影子都不一样。有一天日晷的影子最长，然后慢慢变短，经过了365天的变化后，日晷的影子又变回最长。这个周期和候鸟的南去、北归、农作物的繁荣、枯萎有紧密的关系，便称这365天的周期为一年。

　　古埃及人就以太阳为准，制定了最早的太阳历法。他们发现尼罗河会在固定的一天（天狼星和太阳在地平线同时出现时）开始泛滥，便把这一天定为一年的第一天。埃及历法里一年有12个月，每个月有30天，再加上5天成为365天来符合年的周期。

　　也有观察月亮而制定的历法，称为阴历。人们发现月亮有盈缺的变化，从满月到下一次满月这个周期约有29.5天，这个周期就定为一个月。只是月亮的运行和四季的变化无关，所以无法关联农事耕作。古代中国人通过观察月亮制定的阴历（一个月有29天或30天，一年有354天，再加上每3年一个"闰月"）成了可以配合四季变化的阴历。

　　现在世界通用的历法称为"格里历"，是1582年由教皇格里高利十三世改变"儒略历"（公元前46年罗马

皇帝儒略·凯撒订立）的规则而成。格里历的一年有 12 个月份，其中 2 月份只有 28 天。1～7 月份的单数月份为大月份，有 31 天，双数月份为小月份，有 30 天；8～12 月份的双数月份为大月份，有 31 天，单数月份为小月份，有 30 天。并设置闰年，每 4 年增加 1 天（加在 2 月份），能被 4 整除的年份为闰年，能被 100 整除而不能被 400 整除的年份为平年，能被 100 整除也能被 400 整除的年份为闰年。平均长度为 365.2425 日，误差只相差 26 秒，结果非常精确。

2600 多年前

从甲骨文研究中发现，从殷商起，中国就发明了一种"干支记日法"，将十个天干和十二地

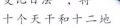

支两两组合，成为六十干支，每天循环不断。因为六十年是一甲子，所以干支周期也称为"甲子周期"。

公元前 46 年

罗马独裁官儒略·凯撒改革历法，一年设为 12 个月，并且设置闰年，取代古罗马历，并以自己的名称命名为儒略历。

公元前 9 年

奥古斯都继位为罗马皇帝后，调整原本的儒略历，修正过去的错误，从每 3 年设置一闰年改正为每 4 年设置一闰年。

1582 年

由于儒略历累积的误差随着时间越来越大，罗马教皇格里高利十三世改革原本的历法，改变置闰的规则将儒略历改变成格里历，也就是沿用至今的阳历。

科学充电站

为什么气候会有四季变化？

万物随着大自然气候的变化而改变。春天时，气温回暖，万物复苏，植物发芽；夏天时，艳阳高照，植物生长茂密；秋天时，秋高气爽，叶子开始脱落；冬天时，降下冰雪，气温寒冷，植物枯萎，一些动物进入冬眠。为什么会产生这么多样的变化？原因就在于地球自转和绕着太阳进行公转时的角度在变化。

我们知道地球会自转，因此生成日夜变化，而地球也会绕着太阳公转，且地球的自转轴与地球绕太阳的公转轨道平面不垂直，地球的自转轴倾斜面约23.5度，这个倾斜角度会使地球南北的太阳受热面积不同。

北半球的夏季时，太阳直射北半球，北半球气温升高，日照变长；冬季时则相反，太阳直射南半球，北半球气温降低，白天日照变短，人们便会感受到季节不同的天气变化。在同一时间，南北半球的季节会刚好相反，而在赤道附近，因为一直被太阳直射，所以基本没有季节变化。

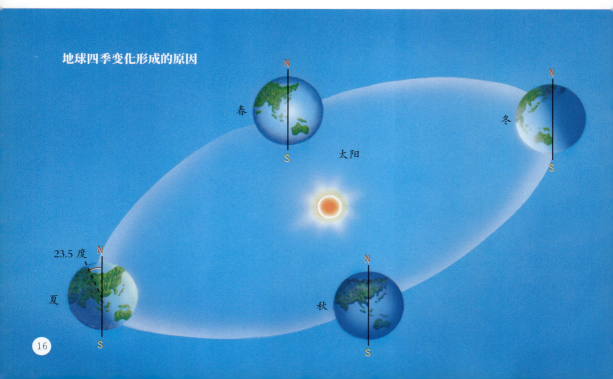

地球四季变化形成的原因

万年历

我们现在通用的格里历，有大、小月之分，搭配一周的日期，每个月都不同。让我们来做一个每个月都能重复使用的万年历吧。

材料

图画纸

剪刀

麦克笔

步骤

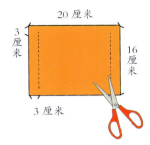

20 厘米

3 厘米

16 厘米

3 厘米

1 准备一张长 20 厘米、宽 16 厘米的图画纸，如图在纸内剪出两条 10 厘米长的线段。

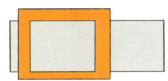

2 再准备一张长 32 厘米、宽 10 厘米的图画纸，依次插入刚剪开的线段中。

3 在外框图画纸上方依次写下一周的日期。如图把外框移到最左边，从星期六的位置开始，依次从 1 写到 31。

4 接着把外框图画纸移到右边，让 1 出现在星期日的位置，同样从 1 依次写到 31，万年历就完成了。

只要知道这个月的第一天是星期几，就可以移动外框到适当的位置，很快就做出这个月的月历了。

怎么除掉脏污呢？

苏卡是一位厨师，他在一间有名的大餐厅里当主厨。刚开始时，他还只是一名学徒，经过不断地学习与练习，尝试不同的烹饪方法，终于做出了许多美味的菜肴，连贵族们吃过后都赞不绝口。苏卡因此成为一名家喻户晓的厨师。

但是大家只看见苏卡光鲜亮丽的表面，却很少有人知道他付出了多少努力，也不会知道他所面对的困难，最近他一直有个困扰，不知道该怎么解决。在烹调美味佳肴的过程中，油脂是不可或缺的。适当地加入橄榄油、猪油等不同油脂，能让菜肴尝起来更滑顺可口，这也是他菜肴美味的秘诀之一。

怎么样都擦不干净。

　　然而，油脂也让他工作的厨房布满油渍。他费了很多功夫清洁这些油渍，却完全没效果，整个厨房看起来脏兮兮的。

　　有人说苏卡的厨房肮脏不堪，在这种地方做出来的食物，吃了会让人生病。这种评论让苏卡与餐厅的名声大大受损。苏卡也因长期在厨房工作，身上也沾满了油腻的脏污，还会散发出怪味道，所以大家都不喜欢靠近他。

　　不论是厨房还是自己身上的油渍，他都想找个方法来彻底清理干净。可是他不管怎么冲水，都冲不掉油渍。还能用什么方法来清洁污渍呢？

　　如果用水冲不掉，那就用布或纸来擦拭吧。苏卡试了很多种类的布料和纸张，甚至还找了树叶和树皮来尝试。但是不管哪一种材料都只能擦掉部分的脏污，无法彻底擦干净，厨房看起来还是有脏脏的油渍。身上的油污更是难以去除，如果一直用力擦拭自己的皮肤，最后会擦破皮的。

能不能用香味来掩盖臭味呢？苏卡为了遮掩身体散发的怪味，在身上喷洒了大量香水。虽然掩盖住了味道，但苏卡喷洒的香水实在太过浓烈，其他人都觉得不太好闻。而且香水味道不能长久保持，不到半天，香水味道挥发后，原本身上的臭味又出现了，这实在不是长久之计。

因为问题一直没解决，所以苏卡变得很困扰，手脚也跟着变迟钝了，以至于不小心把一罐食用油打翻了。真是"屋漏偏逢连夜雨"，已经油腻腻的厨房更加油腻，苏卡简直不敢直视这个惨状。干脆眼不见为净，他用灶炉里的草木灰覆盖住打翻油的地方，然后将这些浸有油脂的草木灰扔到室外。

当苏卡用水清洗手上的脏污时，只轻轻搓了几下，手上的油渍居然被洗掉了，甚至还洗掉了以前一直无法清除的老污垢。

是什么东西让污渍被清洁干净了？苏卡回头去翻找刚刚丢掉的草木灰，发现草木灰周围有些浓稠的液体，上面还居然这么容易清洁!

有气泡。他刚才洗手时出现的泡泡也许就跟这种液体有关。他将液体收集起来,加一些水,拿布沾着这些泡泡水来擦拭厨房,竟然把厨房里的脏污都彻底清洁干净了。他用这些泡泡水来清洗身体,身上也被洗得干干净净,不再散发臭味了。

苏卡将这种物质称为肥皂。自从他用肥皂来作为清洁剂后,他的厨房变得无比干净,他身上的臭味也消失了。苏卡将他的发现告诉其他厨师并教他们也用肥皂洗手,厨师们的手洗得更干净了。后来,事情传到了法老王那里,法老王也拜托苏卡做出肥皂供他洗手用,于是苏卡的名声更响亮了。

美味的料理加上干净的餐厅,果然是一流主厨!

科学大发明——肥皂

　　生活在现代的我们，手脏了就拿起肥皂，加点水抹一抹，用水冲掉后，双手又恢复干净了，一切都非常简便。肥皂，这个方便的清洁用品，究竟是什么时候被发明的呢？

　　据传古埃及时代，一位厨师发现使用草木灰覆盖在油脂上，可以将手洗得更干净，后来这个方法便流传开来，成为肥皂的起源。但这个说法还未找到确切的证据。根据考古发现，早在 4000 多年前的巴比伦泥板上，就有着肥皂配方——水、碱和肉桂油。古埃及在公元前 1700—1600 年间完成的医学纪录《艾德温·史密斯纸草文稿》也有人们将碱性盐和油脂混合做成皂类物质来洗澡的记录。

　　在古罗马帝国时期，人们通过山羊油脂和木材的灰来制作成固体肥皂。不过肥皂这个词其实是指凯尔特人的一种染发剂。通过古罗马人当时公共浴场的记录来看，肥皂在当时还不是用来洗身体的，古罗马人和希腊人反而比较喜欢用陶块、沙子、浮石和灰来清洁身体，在自己身上抹油，然后把多余的油擦掉，并通过刮身器将油和污垢统统刮干净。罗马时代后期，使用肥皂洗身体的习惯才慢慢发展起来，但仅限于都市，村庄中的人们仍使用橄榄油和沙子来洗澡。

中国古代用"皂角"植物的荚来清洗身体。后来用豆粉加上药粉做成"澡豆"，唐代名医孙思邈在《千金要方》中也记载有澡豆的配方，可以用来洗脸、洗手、沐浴。

1791 年，法国化学家尼古拉斯·勒布朗发明了用食盐来制造苏打（碳酸钠）的方法，取代了草木灰制取碱的古老方法。1890 年，德国人发明了以电解食盐水来制造出大量品质又高价格又便宜的氢氧化钠，在制皂业中掀起变革。不必特意使用盐类就能制成固体肥皂，同时还省略了许多麻烦的步骤，这让制作肥皂变得简单了。制皂工业由手工生产最终转化为大规模的工业化生产，使以低价制造用途广泛的肥皂产品变为可能，让肥皂从王宫贵族的奢侈品变成一般大众的生活必需品，肥皂制造产业成为全世界成长最快的工业。

⏳ 发展简史

约 2000 多年前

古罗马人在公共浴场开始使用肥皂，不过后期才用于清洁身体。

约公元 400 年

中国在魏晋南北朝时期就用产于黄河流域的皂角来清洁身体。

1791 年

法国化学家尼古拉斯·勒布朗发明工业合成碳酸钠的方法，使制皂材料所需的碱容易取得，制皂业转化为工业化生产模式。

现代

除了肥皂，现在还有许多不同种类的清洁剂可以针对不同脏污进行清洁处理。

科学充电站

肥皂怎么去除污渍？

肥皂之所以能去除污渍，是因为它有特殊的分子结构，可分为两个部分，一端为极性的亲水端，另一端则为非极性的亲油端。在水与油污的界面上，肥皂的亲油端能使油脂乳化并深入油污，而肥皂的极性亲水端能破坏水表面的张力，使水分子均匀地分配在污渍表面。被肥皂分子围住的污垢，因肥皂的作用变成微小的油滴并溶于水中，无法依附在原本的污渍表面并溶于肥皂泡沫中，最后可被轻易冲洗干净。

肥皂的主要成分是硬脂酸钠，其分子式是 $C_{17}H_{35}COONa$。肥皂即是将油或油的混合物（通常是酸性物质）与氢氧化钠的碱和水一起混合。这种化学作用称为"皂化"，是制造肥皂最基本的一个过程，也就是所谓的"冷制法"。如果在里面加入精油、香料和染料，就可以做成既有颜色又有香味的香皂；如果加进药物，则会变成药皂。肥皂加入香料虽然可增添香气，但部分人会因为香料引起皮肤敏感，所以有香料的香皂不是每个人都适合使用。

肥皂分子结构图

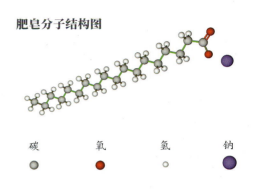

碳 ● 氧 ● 氢 ● 钠 ●

肥皂分子去除油污步骤

1.肥皂分子溶进水里。

2.分子的亲油端深入并抓住物体表面的油污。

3.分子的亲水端则会将油污带离物体表面。

4.油污脱离以后，分子与油污一同被水带走，表面变干净了！

橘子皮清洁剂

吃橘子时剥下的橘子皮可别急着丢掉，橘子皮里含有丰富的油脂，可以被做成清洁剂呢。一起来做做看吧！

自制天然的橘子皮清洁剂，真的很好用喔！

材料

橘子皮

剪刀

酒精

塑胶瓶

椰子油起泡剂

玻璃罐

水

盐

步骤

1 用剪刀将橘子皮剪成小块，或是用果汁机将橘子皮打碎。

2 把橘子皮放入玻璃罐中，倒入酒精淹盖过橘子皮，并盖上盖子，静放至少一周以上。

3 滤掉橘子皮，按橘子皮精油液：水：椰子油起泡剂=1:3:1的比例调配。

椰子油起泡剂

水

橘子精油

25

怎么让自己
看得更清楚呢？

培根是个图书馆管理员，他非常喜欢阅读，因此也很喜欢自己的工作。他可以随时在图书馆内找到喜爱的书来翻阅，对他来说，每天沉浸在书本堆中是世界上最美妙的事情。

然而最近他发现自己看东西越来越模糊，必须把书拿得很近，几乎贴到自己的脸上才能看清楚字。他开始意识到自己的眼睛出了问题，就像有些老人一样，什么都看不清楚。

到底写了些什么？

要是眼睛的毛病越变越糟，培根就不能看自己喜欢的书了，还不得不放弃图书馆管理员这份喜欢的工作。

培根想赶快治好自己的眼睛，他思考着解决这个问题的办法。先去看医生好了，或许医生能够医治这个病症。但是医生却斩钉截铁地说办不到，除非培根愿意把眼睛挖出来，让他们好好研究一番。培根听到后吓得半死，仓皇地逃了出来。

培根回想自己看过的书籍，他曾经读到，在希腊时代有些贵族因为年老而视力不好，看不到字时，会请年轻的奴隶帮他们阅读。有人侍奉的感觉真是不错，如果可以的话，培根也想找个奴隶帮他的忙，但他只是个贫穷的图书馆管理员，哪有钱买奴隶呢？何况比起听人阅读，培根觉得自己阅读更能获得书中的乐趣。

还有什么办法可以让自己看得更清楚呢？培根在图书馆外的院子里来回踱步。前一天夜里才下过雨，院子里还湿漉漉的，花叶上还沾着雨滴呢！这时他看到一株植物上的叶子，他发现叶子上有水

居然连叶脉都看得这么清楚。

珠的地方看起来变大了，甚至还能看清叶子上细细的叶脉。培根觉得不可思议，这是因为水珠有放大物象的功能吗？如果他把书本放到水珠的下方，是不是就能让字变大，看得更清楚呢？但是水会流动，难以固定，书页也会被水沾湿，那有解决这些的方法吗？

他观察到水珠是因为表面圆凸，所以才有放大效果。如果找一种既透明又形状圆凸的物品来替代，也会有类似的效果吗？后来，培根在一个布满灰尘的角落里找到一片凸面的玻璃，那是一片透镜。他发现如果从透镜看过去，东西都会被放大，这样一来他就能看清楚东西了。

于是，培根看书时都会拿着透镜，每个字都变大了，视力的问题不再困扰他。只是有时一手拿着烛火，一手拿着书，就

不方便再拿透镜了。有没有方法可以不用手拿镜片，把手腾出来呢？如果镜片可以一直贴在眼睛前面就好了。

培根突然有了一个好主意，他要试试把镜片固定在鼻子上。他做了一个框，把两个透镜片固定住，再让框的中间呈弯曲状，框子架在他的鼻子上，镜片就会分别固定在他的眼睛前面。这样他不用手拿着镜片也能随时看清楚了，真是方便！

培根将眼睛前的这副镜片称为眼镜，不管是阅读还是工作都很便利。他还多做了几副眼镜，把他们提供给图书馆和他一样有视力问题的人，大家发现能看清楚字以后都很感谢他，因为终于又可以自由且舒服地阅读了。

我看到你这里有个错字。

科学大发明——眼镜

古埃及很早就有使用透镜观看竞技的记录，可以说是眼镜的前身。据史料记载，公元54年，罗马暴君尼禄在竞技场观赏角斗士的表演时，为了看得更清楚，他在大拇指上戴了一个绿宝石戒指，通过这个绿宝石戒指来观看表演。

在中国，考古学家在汉朝的墓室中，发现了一面水晶放大镜，它可以将细小的东西放大四五倍。在宋朝赵希鹄（1170—1242）所撰的《洞天清录》中记载着："叆叇，老

从西班牙作家克维多(1580 – 1645)的画像中可以看到他戴着一副眼镜。

人不辨细书，以此掩目则明。"学者们认为其中的叆叇就是眼镜，而且是双片眼镜。到了 13 世纪末，意大利人马可·波罗到中国游历时，也记录了中国老人戴着眼镜阅读的画面。

在欧洲，最早矫正视力的眼镜的发明时间可能是在 1268 年，罗吉尔·培根最早发现并记录可用于放大物体并增强视力的透镜，他发明的眼镜是将放大镜装入框中用来阅读。早期的眼镜大多为手持，后来改良为现在通行的架在鼻子和挂在耳朵上的眼镜，是 1727 年由英国眼镜店老板爱德华·斯凯莱特发明的。

现在的眼镜除了矫正视力的以外，还有护目镜、太阳镜、泳镜等为眼睛提供保护的眼镜，爱美的人还可以佩戴隐形眼镜或是没有矫正视力功能的平光眼镜。现在甚至也有观看 3D 立体影像的 3D 眼镜或是观看虚拟实景的 VR 眼镜。

约公元前 3000 年

在伊拉克境内的尼姆鲁德发现了水晶制成的镜片，公元前的这种镜片可能被当作放大镜使用，是现今找到的最古老的镜片。

1268 年

欧洲最早用来矫正视力的眼镜，由英国的罗吉尔·培根所发明。

1352 年

根据记录，最早有眼镜的画像是在 1352 年绘制的。

现代

除了矫正视力的眼镜，也有代表时尚与流行趋势的眼镜。

为什么眼睛会有近视？

我们眼睛的构造与照相机很类似，眼睛的晶状体就像是相机的镜头，晶状体通过睫状肌的收缩来调整焦距，以看见不同大小的物体。眼睛使用过度，会造成睫状肌紧绷而无法调焦，就会形成近视眼或远视眼。

我们佩戴的眼镜就是将透镜镜片镶嵌在眼镜框内，戴在眼睛前方，能改善视力，保护眼睛。现在因为透镜制作技术先进，眼镜已能协助矫正多种视力问题，包含近视、远视、老花、散光等。近视眼是因为长期看近处的物体，导致眼球会聚光在视网膜前，无法看见清晰的成像，因此近视眼可以通过佩戴凹透镜片的近视眼镜来矫正视力，这种眼镜能拉长焦距使影像准确地落在视网膜上。反之，远视眼的眼球会聚光在视网膜后，因此可以通过佩戴嵌有凸透镜片的眼镜来进行矫正，能缩短焦距。

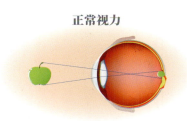

正常视力

近视眼

远视眼

水透镜

透镜可以把物体放大或缩小来让我们看得更清楚，我们用水做的透镜也可以做到喔！

材料

铁丝

水

尖嘴钳

卫生纸

步骤

1 剪切一段铁丝，并且用尖嘴钳将铁丝的一端弯出一个很小的圆圈。

2 将弯出采的圆圈部位沾水，让水洙附着在圆圈里。

1 2 3 4 5 6

侧面图

3 把铁丝圈拿到报纸上阅读，通过水透镜可以发现文字变大了。

用卫生纸吸一点铁丝圈上的水，用水透镜阅读报纸，发现文字变小了。

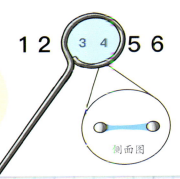

1 2 3 4 5 6

侧面图

怎么随时知道时间呢？

亨利是一位技术高超的锁匠，他擅长操作与修理各种机械工具，专门以修理锁和时钟为生。亨利的技术非常厉害，无论是什么种类的锁，他都有办法修理，甚至还会自行制造品质良好的新锁，客人都很认可亨利的技术。

然而，亨利依然是默默无闻的小锁匠，并没有因为他的技术而声名大噪。那是因为亨利工作的时候非常专注，常常会忘了时间，等他想起来的时候，都已经太迟了，以至于总是耽误和下一位修

锁客人的约定。他很少准时到顾客的家里，大家都对此抱怨连连，也对亨利留下了"不守时"的印象，越来越少的人找亨利来修理东西，这让他丧失了许多工作机会。

再这样下去不是办法，亨利并不是不愿守时，而是他实在无法时时注意时间。亨利想，一定有方法可以解决这个问题的，他必须学会掌控工作的时间。他想，可以去找客人家里的时钟来看，可如果在修锁时起身去找时钟，会分散他的专注力，从而影响修理品质，再说也不是每个人家里都有时钟。亨利想能够简单而及时地知道自

己工作时的时间，有什么办法可以解决呢？

亨利家里有一台又大又笨重的机械钟，要是能把它带在身边，就能随时查看时间了。但亨利的工作需要到不同的顾客家里，一天可能要跑好几个地方，要背着几公斤重的钟奔波，实在太累了。或者他可以做一个小一点的报时咕咕钟，在工作时只要听到咕咕钟报时，就知道一个小时了。但是这样会打扰到客人，造成别人的困扰。

实在太吵了！

如果用以前的计时工具日晷呢？它体积小，也不会发出噪音。可是日晷要摆在固定位置，经过观察、记录，才能得到准确的时间，而且也无法随身携带。那最方便的就是沙漏了，只要沙子漏完一次就知道过了多久。可是亨利在专心工作时，无法频繁地翻转沙漏，要是忘记翻转沙漏，时间算不准，那不就没意义了吗？

如果能将时钟的体积缩小，就方便携带了。但是要怎么做呢？现在的时钟都是用体积巨大的摆锤驱动来计时，所以整个钟十分笨重。有什么东西能替代摆锤呢？亨利为此做了许多尝试。后来他想到可以改用弹簧，弹簧体积小又具有弹力，应该很适合修改并调整做成新的小型钟表。

　　亨利发挥他修理机械的技术，经过几个月的修改，最后终于做出一个小到可以塞进口袋的时钟，他称作"怀表"。体积小又携带方便，他就能随时把"时间"带着走。

　　有了怀表还不够，每次看时间都要从口袋把怀表拿出来看，这样显得有点麻烦，亨利思考着还可以怎么改进呢？他看着自己的手，想到如果可以把钟表挂在手上，只要往手上一瞄就可以看到时间了，这不是更方便吗？于是他在小小的时钟上加上一条表带，就像手镯一样戴在自己的手腕上，时钟就成了可以随时看时间的手表了。有了这么方便的发明后，亨利能够随时注意自己的工作时间，不再迟到，客人也不再抱怨了。

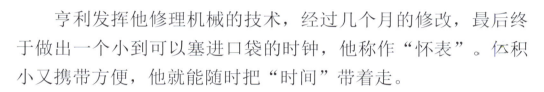

抬起手就可以看到时间，太方便了！

科学大发明——时钟

远古时候的人们观察日月星辰，发现了自然的规律，制定了日、月、年，但一天当中的时间就无法再细分了。

人们发现，不同时间的阳光照在物体上生成的影子长短不同。于是就利用这种现象来测量一天的时间，制作出了日晷。日晷就是将竹竿插在画有 12 等分刻度的圆盘上，当太阳照射时，看看竹竿的影子落在何处，就可以知道是什么时刻了。

后来人们设计出以水来计时的工具，被称为"水钟"，也就是"滴漏"。滴漏是一个盛水的罐或壶，内壁有刻痕，下方有一个小洞可以让水一滴滴地流出来。人们只要观察水位的变化就可度量时间。除了用水计时外，也可以用沙来计时，这种计时工具被称为"沙漏"。

大约在公元 13 世纪，欧洲人发明了"塔钟"。塔钟的动力来自细索或链条悬挂着的重锤。将细索或链条缠绕在鼓轴上，由于重力的关系，重锤会往下降，索链会逐渐松开并转动鼓轴。鼓轴的转动会带动一连串的齿轮，进而使分针、时针移动。为了不使重锤落得太快，达到控制钟的速率，人们发明了"擒纵设备"：重锤下降转动了逃脱轮，而来回摆动的钟摆是擒纵爪的动力来源，当一端钩爪翘起时，逃脱轮

就会转动，另一端的钩爪会适时地卡住逃脱轮，使重锤不会落得太快，如此一放松、一卡住，就发出嘀嗒嘀嗒的声响。

慢慢地，人们用发条来取代重锤，又设计出表用调速器，进而发明了可以随身携带的表。调速器有个精密的平衡发条，又被称为"游丝"，发条一卷一伸，使得平衡轮来回转动带动调速器，调速器以一定的频率与冠状齿轮接合或脱离，由此可以计算出时间。

用发条代替重锤之后虽然方便多了，但如果忘了上发条，钟表还是会停摆的，因而有自动表的产生。最早的自动表没有上发条的旋钮，只加上了自动砣。只要手一摆动，自动砣就会旋动一下，发条就会自动上紧一次。由于手经常在动，所以表也一直在走。

 发展简史

古代

钟表还未发明前，古人使用日晷来作为当时的计时工具

古代

古人用一个盛水的罐或壶来计时，罐或壶的内壁有刻痕，下方有一个小洞可以让水一滴滴的流出来，只要观察水位的变化就可计算时间。

1656 年

伽利略发现摆的等时性后，到了 1656 年，克里斯蒂安·惠斯制造出以钟摆来计时的摆钟，又称作老爷钟。

20 世纪

手表被发明后，成为人们生活中常用的重要工具之一。

地球上大家的当地时间都一样吗？

　　由于地球上各地所处的位置不同，同一时刻太阳所在位置对不同地方来说也都不一样。如在英国太阳位于正午时，此时中国的太阳已落下；中国夜晚来临时，美国的太阳则正要升起，天才刚亮。

　　19世纪，火车问世以后，横跨大陆长途运输的火车在各地快速来往。各地火车时刻表的标准不一，产生混乱，因此需要为所有人制定一个统一的标准时间。1847年，英国的铁路从业者以格林尼治天文台当地的太阳时刻作为标准时间，也称为格林尼治标准时间，这个统一的时间经过数十年才逐渐被众人接受。但每个地方的时间多少都有些误差，这会让许多地方的居民生活作息颠倒混乱。

　　1870年，加拿大铁路工程师弗莱明首次提出全世界按统一标准划分时区，以格林尼治天文台所在的经线为本初子午线。以子午线为中心，向东西两侧延伸7.5度，每15度划分一个时区，每差一个时区就相差一个小时，相差多少时区，就相差多少小时。不过为了国家行政区的统一，有些时区形状并不规则，而比较大的国家会以国家内部行政分界线来划分时区，使同一地区的时间保持一致。

由于时区分割，东边的时区时间比西边的时区时间早，为了避免日期的紊乱，便以180度经线为国际换日线。当横跨此换日线时，日期便会增加或减少一天。

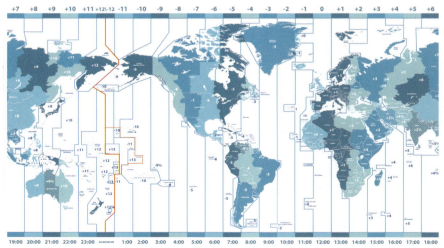

日晷

把竹竿固定在太阳下，观察记录影子的变化，就可以做出一个简单的日晷仪了。

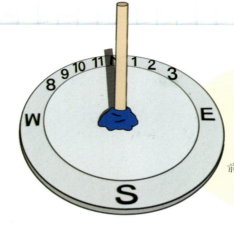

第二天起，就可以通过观察阴影的位置，看出当前的时间了。

材料

纸盘

笔

木棍

黏土

步骤

1 在纸盘上写下东（E）、南（S）、西（W）、北（N）的方位。

2 把木棍立在纸盘的□心点，并且用黏二固定住，确保木棍和纸盘垂直。

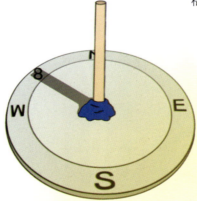

3 找一个空旷的地点，将纸盘调整到符合实际的方位。每个整点时，在纸盘上竹竿的阴影处，写下当时的时间。

怎么冲走
排泄物呢？

约翰在庭院里喝着他的下午茶，慢慢品尝他好久没有享受过的悠闲。

两个星期以前他还是女王面前的红人，但是因为一次玩笑开过了头，被认为传播有伤风雅的言论，所以被朝廷流放。这样的遭遇一开始让约翰很烦恼，他一度认为自己愚蠢至极。但现在他觉得一切根本不是自己的错，而是那帮人实在无聊，没有一点幽默感。

这样其实也不差，约翰心里想着，或许做他有兴趣的语言翻译以及搞搞小发明，才是最适合他的。

他拿出纸和笔，开始思考：身为一个伟大的诗人和发明家，首先要解决的就是最让人头痛的民生问题，这个问题就是粪便的问题。

因为城市没有下水道系统，所以家里的粪尿都是往街上倒的。住在楼上的人只需要对着外面喊三声注意，就可以把夜壶里的东西往窗户外面倾倒。

小心一点呀！

约翰想，或许可以做一个家用版的投石车，把粪尿扔得远一点，这样就不会害到窗下经过的路人了。那么这个设备该设计多远的射程呢？当约翰进一步思考的时候，又有另一个问题跑了出来：这个设备虽然不会砸到窗下的行人，但是会不会砸到在远处的人呢？

约翰皱起了眉头，放弃了这个听起来很聪明的想法。

他又想，或许不需要设计新的器具。在离城市有一段距离的郊外挖一个坑，要求所有想上厕所的人都跑到那里去，

大家的家里就会干净多了。让城市的排泄物很自然地集中在一起，而且远离市区，这样可以保证城市街道的干净，也不会闻到烦人的恶臭了。但是这样做的话，每次上厕所要跑那么远的距离也很麻烦。

约翰叹了一口气，他一直以来都自诩为伟大的诗人兼发明家，而这个问题却一直困扰着他。脑子里跑出来的点子，下一刻又被自己推翻，反复不定的思绪令他的心情也跟着起起伏伏。正当他觉得想了一个下午有点累，准备回房休息时，一道灵光忽然在他脑中闪现。

再厉害的发明，也不可能把粪水变消失。除非当局愿意修筑排水道，将这些污秽物运送走，而这些不是我能决定的。我需要做的事就是用水把粪便冲走的设备。

约翰根据这个构想，做出了世界上第一个抽水马桶。这个

到底还要等多久？

马桶有储水池和冲水开关，但是在没有排污系统的情况下用处不大，所以它并没有流行开来。两百年后，城市建造了现代的排水排污系统，抽水马桶也发挥了应有的功效。约翰便认定为第一个发明抽水马桶的人。

清洁溜溜～～

科学大发明——抽水马桶

中世纪的欧洲没有下水道排污系统，当住户用夜壶把粪尿往窗外倒时，被砸到的人只能自认倒霉。居民就算跟当局抗议，也无法改变这个局面。到了文艺复兴时期，英格兰诗人约翰·哈林顿被女王流放，在流放地发明了世界上第一个抽水马桶。它有储水池和冲水开关，具备现代马桶的雏形。约翰对自己的发明很满意，为它写了一本书，名为《夜壶的蜕变》。当时的城市没有排污管道，如果要发挥马桶的冲水功能，需要在家里建设整套的排污系统，因此使用马桶对一般老百姓而言几乎是遥不可及的。不过，据说伊丽莎白女王的家里就装了一个约翰设计的马桶。

两个世纪以后，英国钟表师亚历山大·卡明在 1775 年改进约翰的马桶，让水箱没水的时候，可以自动打开阀门，使水再次

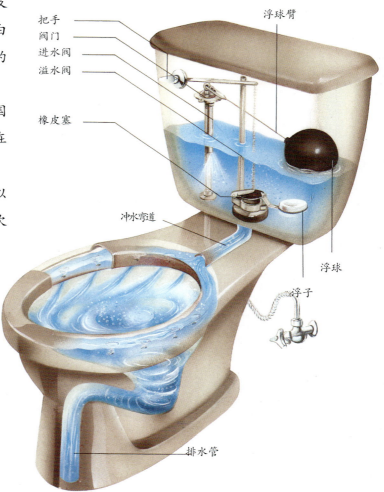

把手
阀门
进水阀
溢水阀
浮球臂
橡皮塞
冲水弯道
浮球
浮子
排水管

充满。1778年，英国的发明家约瑟夫·布拉玛进一步改进马桶，他把储水器设计到马桶上方，并安装了可以控制的把手，还在便池上装了盖子。为了控制水箱的水流量，装上三个球阀。为了防止臭味从底下冒出，又设计了U形管。

1858年，伦敦开始建造现代的城市排水排污系统，使抽水马桶可以发挥它应有的功能。1883年，托马斯·图里费德做出陶瓷材质的马桶，并将它推向了市场。于是抽水马桶开始在世界各地普及开来，取代了夜壶、便器。1889年，英国水管工人托马斯·克拉普使用浮球来调控马桶水箱的进水，更增强了马桶的方便性。

使用浮球来调控马桶水箱的进水。

发展简史

约 2000 多年前

古罗马时期，罗马人建造的公共厕所除了用于方便之外，也是当时的重要社交场所。

10 世纪

中世纪的欧洲没有下水道排污系统，所以家里的粪尿都是用夜壶随意往街上倒。

1778 年

约瑟夫·布拉玛改善了冲水马桶的设计，发明了U形管，防止臭味从马桶底下冒出。

1883 年

托马斯·图里费德发明了陶瓷材质的马桶，并将它推向了市场。

利用虹吸和重力的冲水原理

马桶水箱的主要构造有进水阀、出水阀、浮球、杠杆和按钮等。我们上完厕所，启动冲水按钮的时候，按钮会通过杠杆打开出水阀，让水通过出水阀从水箱流到便池，水流完后，排水阀上方的橡皮塞会落下堵住出水阀。这时候，水面下降会使浮球通过杠杆将进水阀打开，让水进入水箱。进水后水面上升，会渐渐把浮球往上抬，当水箱装满水时浮球会通过杠杆将进水口关闭。这就是水箱的原理。

另外，马桶又分两种：虹吸式和直冲式马桶。如果下面和马桶连通的管道是带有 U 型存水弯的，通常会选直冲式的马桶；没有的话，可以选用虹吸式马桶。

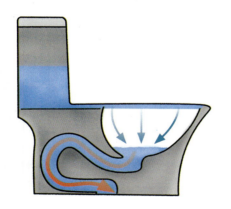

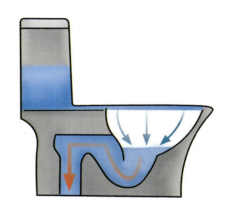

虹吸式马桶：

虹吸式马桶，顾名思义，就是用虹吸现象来排污。马桶内部有一个倒 S 形状的管道，当水箱的水流下来时，水会流到便池，便池的水位高于倒 S 型管道时，水位差会生成虹吸现象将污秽物冲走。因为管道的角度圆滑平缓，冲水时发出的噪音就比较小。

直冲式马桶：

直冲式马桶的内部不像虹吸式马桶有倒 S 形管道，它的管道简单，可以冲下体积较大的污秽物，不容易堵塞。利用水流的重力形成的推进力排污，池壁比较陡，存水面积小，水力集中。这种设计冲力较大，冲水速度也快，但因为靠的是水流强大的动能，所以冲水时，管道内会有比较大的声音。

公道杯

　　马桶里的水可以用虹吸原理把粪便冲走。在古代公道杯的设计，也是利用虹吸原理。

步骤

1 在大的透明杯子底部挖开一个小洞，让可弯吸管刚好穿过去。

2 把可弯吸管弯曲开口朝下，用黏土把洞口与吸管紧密封住，使其不漏水。

材料

透明杯子

可弯吸管

水

黏土

盛水容器

3 透明杯子放在盛水容器上，先倒水至半满，不可超过可弯吸管的弯曲高度，可以观察到杯子不会漏水。

继续倒水，一旦水面超过吸管的高度，水就会开始不断从吸管流下去，直到水位下降到吸管端口为止。

怎么准确地 测量温度呢？

伽利略喜欢探究，他对于世界上的各种事物与自然现象都感到好奇，其他人视为理所当然的事情，伽利略也会想办法去探究原理。

有一天，伽利略的女儿似乎感冒了，他摸着女儿的额头觉得很烫，应该是发烧了，但他的妻子去摸，却不觉得热。伽利略这时才明白：人会因为自己的身体状况的不同，而对外界温度有不同的感受。人生病时的体温变化与健康状况有很大的关系，人的体温有助于了解病情。但即使是

专业的医生，也只能用手触摸病人，凭感觉来推测人体的大致温度，这种方法并不准确，显然容易有误差。

伽利略带女儿看完病后，开始思考有没有办法用标准数值来测量温度的高低。他觉得必须将温度用不同数值来表示，才能比较温度的高低。要怎么确定出这些数值呢？伽利略请他的助手去触摸点燃的蜡烛，每当他觉得手放在烛火上变得更热时，就喊一次。但这是凭个人的感觉去标注温度，不太科学，也很不准确。何况当助手的身体状况不同时，感受就会不同。而且助手也拒绝这么做，担心被烛火烫伤。

如果温度能够像长度一样用刻度来表示，那么温度的高低就很明确了。可是温度要怎么量化成我们看得见的刻度呢？伽利略思考了很久，最后看着加热的锅，忽然想到："水加热后不是会膨胀吗？要是能利用空气热胀冷缩的原理，用刻度表示空气膨胀的程度，就能反过来推算出温度的高低。"

他迫不及待地想要试试看。他拿了一根细长的玻璃管，一端制成空心圆球，另一端开口，并在管内装进一些水，然后将玻璃管倒插入盛有水的容器中，最后在玻璃管上等距地标上刻度。当外界温度升高时，玻璃球内气体膨胀，玻璃管中的水位就会降低；当外界温度降低时，玻璃球内气体收缩，玻璃管中的水位就会回升。后来伽利略在一次受邀参加的科学演讲中演示过自己的测温器，他用手握着玻璃球，让它温度增高，管中水面便下降一段高度；当手放开，玻璃球冷却下来后，水在管中又上升到原处。大家看了这么新奇的设计不禁啧啧称奇。

后来，科学家们发现温度计还存着个不尽人意的问题，水的温度一旦太低就会结冰，变高则会沸腾，这样能测量的温度范围有限，无法测量比冰还低或是比沸水还高的温度，必须再去寻找另一种测量材料。科学家们想到了酒精，因为酒精的体积变化幅度大，是更合适的测量材料。但是，酒精的沸点比水还低，没办法测量高温。最后，德国科学家华伦·海特终于找到一种叫作水银的材料。水银是液体，受热后体积会膨胀，而且水银的沸点很高，熔点很低，平常几乎都是液体状，作为温度计的材料再适合不过。他将一些水银密封在一根细玻璃管中，并且在上面标示刻度。此后，水银温度计被推广并广泛使用，人们对温度的表示也有标准的依据了。

玻璃管中的水会因为温度不同而上升下降。

科学大发明——温度计

在没有温度计以前，人们都是凭身体的感觉去衡量冷热。但由于身体感觉往往与实际的冷热有出入，所以温度需要有个统一的测量标准。

1593年，伽利略曾经发明一种类似温度计的器具，利用气体热胀冷缩的原理，通过玻璃管内的水面升降，来得知冷热变化。

后来，许多科学家改良伽利略的温度计。1654年，斐迪南为了使温度计不受大气压力影响，把整个瓶子密封起来，因为酒精在受热或变冷时，体积变化很大，又将水换成酒精，从而发明酒精温度计。但因为酒精沸点是78摄氏度，不够高，测量不够精确，酒精温度计始终无法成为通用的温度计。

1714年，德国科学家华伦·海特将测温物质改为水银，由于水银在 −39 摄氏度才开始凝固，357 摄氏度才开始沸腾，所以能够测量的温度范围更大，水银温度计便成为现代人常用的温度计。

要如何给温度高低设置标准，华伦·海特对于划分刻度有自己的独特见解。他将冰、水及盐类混合成盐水，调制出当时能制造的最低温度的物品并将这个温度视为0度，结冰的水标为32度，人腋下的体温则定为96度，而水的沸点定为212度，正好与冰点相差180度，以此为基准制定出华

伽利略最早制作的温度计

历史上最早的温度计是伽利略发明的，这种温度计是用一根细长的玻璃管制成，一端制成空心圆球形，另一端开口则在管内装入一些水，并倒插入盛有水的容器中。

摄氏温标与华氏温标换算公式：

$$℃ = （℉ -32） × \frac{5}{9}$$

氏温度。

1742 年，瑞典的天文学家摄尔修斯则提议将水的沸点与冰点定为 0 度与 100 度，中间分为 100 格，每格为 1 度，这就是最早的摄氏温标。分类学家林奈后来将两者颠倒，冰点定为 0 度，沸点则定为 100 度，成为现在我们通用的摄氏温标。

虽然摄氏温标的广泛推行使大部分国家都使用摄氏温标为标准，不过还有美国、柏利慈巴、哈马等地区还在使用华伦·海特的华氏温标。

 发展简史

1593 年

伽利略发明一种类似气体温度计的设备，为史上最早的温度计。

1654 年

斐迪南发明酒精温度计。

1714 年

华伦·海特发明现代使用的水银温度计。

21 世纪

现代因科技的进步，使用的是红外线温度计，能够在数秒内快速测出体温。

科学充电站

为什么物体会热胀冷缩？

　　热胀冷缩是指物体受热时体积会膨胀，遇冷时体积会收缩的现象。物体会有热胀冷缩的现象是因为物体内的粒子或原子在运动，这种运动会随着温度的变化而发生改变。以气体为例，当温度上升时，气体粒子的运动速度变快，振动幅度加大，气体就会膨胀；但当温度下降时，气体粒子的运动速度便会减小，使物体收缩，这就是气体的热胀冷缩原理。

　　热胀冷缩的现象也会发生在液体与固体中，只是变化与运动的程度没有气体明显。在我们的生活中很多现象都发现与热胀冷缩有关。例如打不开罐子时，可以将盖子泡在热水中使盖子受热膨胀，就比较容易打开；铁轨、桥梁的接缝处都会留空隙，以防夏天气温过高时铁轨热胀扭曲变形或是桥梁损毁；悬挂的电线则不可以拉得太紧，以免冬天气温较低时电线过于紧绷而断裂。

　　大部分的物体都遵守热胀冷缩的原理，但少部分物体例外。如水，水一般情况下也会热胀冷缩。但是当水在4摄氏度时，水的密度最大、体积最小，当水低于4摄氏度反而体积会变大，当水在0摄氏度结成冰时，冰块比水的体积还要大许多。

铁轨的接缝处都会留些空隙，可以预防当气温变高时铁轨受热膨胀而扭曲变形。

空气受热体积会膨胀，密度也会变小。热气球里面的热空气密度比周围冷空气小，因此会升向高空。

制作温度计

伽利略利用空气的热胀冷缩原理发明了温度计，我们也来用这个原理制作一个简单的温度计吧！

材料

水　　小玻璃瓶

细吸管　　黏土

红墨水　　冰块

步骤

1 用红墨水把杯子旦的水染成红色并倒入小玻璃瓶内。

常温基准线

2 让吸管穿过玻璃瓶的瓶塞并盖紧瓶盖，把细吸管插入瓶中并没入水里。

3 用黏土将吸管附近的缝隙堵住。

4 将小玻璃瓶放入热水中，可以发现吸管内的红色水柱逐渐上升。

小心热水

如果把小玻璃瓶放入充满冰块的碗里，吸管内的水柱就会下降。

怎么看清
远方的星星呢？

利伯喜欢在夜晚观察星星。小时候，爸爸会在晚上带着他，一起躺在小山坡的草地上望星星。爸爸引导他认识不同的星星，利伯听得相当入迷，决定长大以后也要研究星星。

好想研究星星的一切。

虽然利伯对星星非常有兴趣，但星星距离他太遥远了，没办法仔细地观察。有一天，利伯偶然发现了几个凸面镜片，发现通过它们，可以将物体放大。他灵机一动，心想是不是能利用这种镜片将遥远的星星放大，方便观察呢。

于是，利伯将两个镜片放在一根长管的两端，变成了一台可以将远处的物体放大的望远镜，但当用来观察夜晚的星星时，发现还是不够理想。虽然可以通过望远镜看到肉眼看不见的星星，但从望远镜里看到的星星，依旧又小又模糊。即使是夜空中最大的月亮，也没有办法看清楚它的表面。

他仔细看着望远镜，心想，再加以改良一定能够看清楚星星，只是他还不知道要从何处着手。

这台望远镜不知道要放在哪里。

他知道，透镜是因为折射光线的作用让物体看起来更大。如果让透镜的放大倍率变得更高的话，是不是可以看得更远、更清楚？如果要使用放大倍率更高的透镜，那望远镜一定也要变得更长才行，要是能有贵族愿意出钱制作这种望远镜就好了，这可能要花很久的时间来说服他们，尤其是这么巨大的望远镜，就连家大地大的贵族，也挪不出空间来摆放吧。

利伯没有那么多钱可以制作大望远镜。他想原本的望远镜已经能看见许多的星星了，只是看得不清楚，在放大倍率不调整的情况下，怎样让影像看起来更清楚，还有什么样的透镜可以让影像变大，同时也可以让影像变得更清楚呢？

利伯从镜中看到了自己清楚的影像，这时他想：对了，是镜子。他可以把透镜换成镜子这种更容易聚光的物体，而且镜子如果弯曲成凹面镜的话，也可以产生放大的效果。

二是，利伯用镜子代替望远镜里一整组透镜来放大星星的影像。通过镜子反射原理，将光线集中起来，再反射到望远镜另一端的目镜上，这样便做成了一台利用反射原理成像的望远镜。这台望远镜和原来的大小一样，所看到的影像却清楚多了，不会感觉模糊不清。利伯如愿以偿，也终于可以好好观察夜晚的星空了。

连月亮表面都看得到！

科学大发明——望远镜

虽然透镜的历史相当悠久，古希腊时期就有透镜的相关记载，在公元前424年的戏剧中，也提到了"烧玻璃"，当时的用途可能是汇聚太阳光来点火。然而，利用透镜制作出望远镜，则是在1608年，汉斯·利伯发明第一个折射望远镜，并在荷兰申请专利。折射望远镜用两个透镜片一前一后来放大观测物，最初是由一个凸透镜和一个凹透镜组成，以这种方式制造的望远镜影像不会反转，只能放大3倍。1609年，伽利略听闻此事后，也立即动手制作望远镜。伽利略所

赫瑟尔于1783年制作完成12米长的反射式望远镜，接下来20多年，赫瑟尔用它来搜寻行星、银河、星云与各种星体。

设计的折射式望远镜观测效果很好，不只影像更清晰，放大倍率也更高，很快便受到许多贵族人士与天文学家的青睐并以高价收购，为伽利略增加一笔不小的收入，自此望远镜也开始普遍流行。

开普勒在 1611 年将望远镜改良为两个凸透镜的望远镜，但影像会上下颠倒，这又被称作开普勒望远镜。到了 1668 年，牛顿制造出一种反射式望远镜，反射式望远镜是改用凹面镜来反射影像，这种望远镜改善了原本折射式望远镜会出现色差的问题，观测效果更好。德国的天文学家威廉·赫瑟尔于 1783 年制成一台口径 120 厘米、12 米长的反射式望远镜，是 18 世纪最大的天文望远镜。随着科技的进步望远镜不断在改良，现在我们也使用其他不同类型的望远镜，如红外线望远镜、电波望远镜等观测星空。

1608 年

最早被汉斯·利伯制造出来的荷兰望远镜。

1611 年

如同伽利略的折射式望远镜

1668 年

牛顿利用凹面镜制造出反射式望远镜。

1990 年

哈伯太空望远镜于 1990 年发射至太空轨道，观测许多在地面上观测不到的宇宙星像，成为现今天文史上最重要的观测仪器。

科学充电站

透镜是怎么让物体放大的？

望远镜中的透镜利用光的折射来呈现物体的影像，产生放大的效果。透镜是由非常光滑的玻璃做成的，如果把透镜的表面磨成凸面就形成凸透镜，磨成凹面即是凹透镜。凸透镜能够使光线聚集，凹透镜则能发散光线，透镜造成的光线折射就能使影像产生放大或缩小的效果。

平行光在经过透镜后会聚焦在一个点上，这个点就是透镜的焦点，而焦点与透镜之间的距离就是焦距。凸透镜会因为物体的位置不同而观察到不同的成

焦距内的凸透镜成像

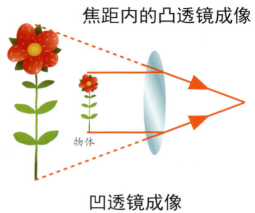

物体

凹透镜成像

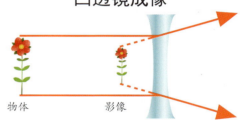

物体　　　　　　　　影像

像。一般用的凸透镜，如放大镜，是将物体放在焦距内，这样就可以呈现出放大的效果了。不过用凹透镜，不管物体在哪个位置，都是呈现正立缩小的图像。

凸透镜成像结果

物体位置	成像位置（另一侧）	成像性质
二倍焦距外	焦点至二倍焦距间	倒立缩小实像
二倍焦距上	二倍焦距上	倒立相等实像
焦点至二倍焦距间	二倍焦距外	倒立放大实像
焦点上	不成像	不成像
焦点内	与物体同侧	正立放大虚像

望远镜

只需要透镜片就可以让遥远的物体看得清楚。我们也来动手做一个简单的望远镜吧。

大小纸管套在一起，调整好焦距就会有望远镜的效果了。

材料

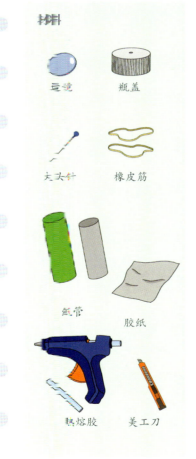

凸镜　　瓶盖

大头针　　橡皮筋

纸管

胶纸

热熔胶　　美工刀

步骤

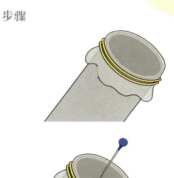

1 将胶纸包在小纸管的一端，并用橡皮筋固定好。

2 用大头针在胶纸上挖一个小洞。

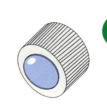

3 在瓶盖上挖一个圆洞，再用热熔胶将透镜固定在瓶盖的圆洞里。

4 装有透镜的瓶盖套在大口径的纸管上，并用热熔胶固定住。

怎么把美丽的画面保存下来呢？

这棵树很难画。

威廉很有浪漫情怀，他认为发生在周遭的事物都非常美好，希望能够完整地记录下他看到的美好事物。

可惜威廉的绘画技巧非常笨拙，虽然他努力学习，希望能够通过画笔记录影像或是传达感情，但是他实在画得太糟，树一点也不像树，猫看起来也不像猫，没有人看得出他在画什么，更别说看出他要表达的情感了。

到底要怎么做才能呈现出原来的画面呢？威廉看到墙上的花瓶阴影，他知道阴影是因为光投射在物体上，而物体的轮廓又没影在墙上产生的。要是能沿着这个阴影的边缘来描绘，那么画出来的物品肯定很精准。但是当威廉拿出一块帆布，想要捕捉物体的阴影时，他发现影像似乎会变形，那阴影看起来歪七扭八，画出来的图案一定也会变形走样。

威廉在思考的时候注意到，在投有花瓶阴影的墙上，有一个小洞。好奇的威廉跑进墙内的房间发现，穿透过小洞的光，在后面的墙上居然呈现出花瓶的影像，只不过那影像上下颠倒了。

和外面的花瓶一模一样只是颠倒了呢！

威廉想到，如果能把帆布铺在房间后面的墙上，让这个上下颠倒的影像照射在帆布上，他就可以依照这个影像来描绘，那么画出来的东西就跟原来的物品一模一样了，只要再将画布倒过来就可以变成正确的方向了。

　　为了可以更容易观察照射在墙上的光影，他在这个作画的空间中用窗帘遮挡住所有的光线，将这个空间变成一个黑暗的房间。只不过他要在这么漆黑的空间里作画很不方便，因为眼睛实在是很吃力。

　　于是，威廉做出一个小箱子，在箱子的一面穿一个洞，就像墙上的小洞一样。让光线穿过这个小洞，把影像投射到箱子的另一面上，他就能从外部观察箱子上的投影来作画了。

　　但是这种影像太过依赖外面的光线，只要光线一消失，影像也会随之不见。他作画的时间并不能维持太久。

　　要怎么把影像永远保存下来呢？威廉不断地思考，直到有一天，威廉发现一瓶液体拿到阳光下时，液体开始变黑，他觉得很神奇。经过多次观察后，他发现这种硝酸银物质只要一碰到光就会变

黑。原来硝酸银是一种对光很敏感的物质，会在光投影到的地方发生变化。

威廉灵机一动，如果能好好利用这种对光有反应的物质，说不定就可以保存光线投影后的影像，这样他也不用辛苦作画了。威廉把这种感光物质涂在纸上，让光投影在上面。当光照到纸上涂的感光物质（硝酸银）时，这张纸上的硝酸银就会变黑，留下与影像投影相同的形状，如此就能完美复制并保存影像了。他把根据这种原理制成的机器箱子称为照相机。

此后，威廉拿照相机拍下周遭景物。许多人知道威廉有这个神奇又方便保存影像的箱子后，也很感兴趣，纷纷找他帮忙拍摄自己的肖像。

来，笑一个。

科学大发明——照相机

　　照相机的前身是一种叫作"暗箱"的方盒，大约是 15 世纪时发明的。人们利用针孔成像的原理，在密闭的暗箱上开一个很小的洞来作为绘画的辅助工具。不过暗箱无法将影像保留，并不是真正的拍照。

　　1725 年，德国科学家约翰·舒尔泽发现了将影像固定呈现的方法。他无意间发现硝酸银遇到光会变黑，这个原理成为未来摄影原理的基础。

　　1839 年，法国的路易斯·达盖尔发明了银版摄影术。他用碘蒸气去熏蒸镀了银的铜版以生成碘化银，使铜版具有感光性能，再将制好的版放在照相机里曝光，之后用硫代替硫酸钠固定影像，完成一张银版相片的制作。虽然银版摄影术的曝光时间需 30 分钟以上，而且一次只能得到一张相片，无法再复制，但是达盖尔的照相机是全世界公认的第一台照相机。

　　1841 年英国科学家塔尔博特发明了"卡罗摄影术"。这种技术可以用一张底片洗出多张照片。1851 年，火棉胶摄影法出现了。这种方法先用含碘化钾的

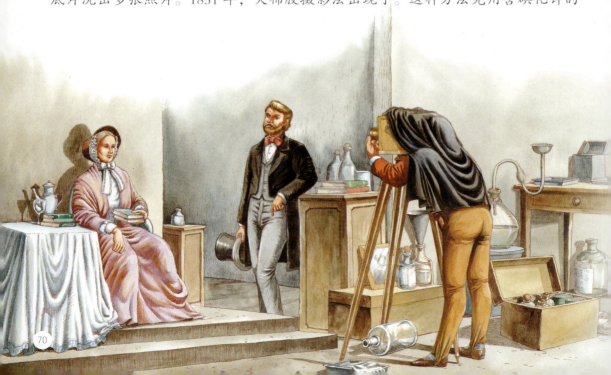

火棉胶涂在玻璃板上，再将玻璃板浸入硝酸银溶液里，然后趁玻璃还是湿的时候马上曝光，因此又称为"湿版摄影法"。曝光时间只需要几秒到几分钟，但由于感光材料必须在黑暗中现场配制，所以拍照时要携带大批的工具，非常不方便。

1871年，英国多斯马克发明溴化银明胶摄影干片，只要曝光几分之一秒就可以完成理想的拍摄。1887年，古德温也发明以赛璐珞片制成的版，并做成可弯曲的底片。

美国的乔治·伊士曼为了让普通大众也能轻松拍照，他在1888年推出一种小巧、简单的柯达相机。这是第一部手持照相机，相机内装有可拍几十张照片的胶卷，拍完后再送回公司冲洗。如此一来，照相变得既简单又方便，因此风靡全球各地，照相机便成为使用十分普遍的物品。不过在1975年柯达推出全世界第一台数码相机后，数码相机的崛起使得用胶卷底片拍照的传统相机逐渐没落。

发展简史

约15世纪

暗箱被认为是照相机的前身，不过并不能将影像保留。

1725年

德国科学家约翰·舒尔泽发现硝酸银受光照会变黑，这个原理为后来的摄影奠定了基础。

1839年

法国的路易斯·达盖尔发明了银版摄影术。一般史学家认为1839年是摄影术的首创年。

1888年

美国乔治·伊士曼在1888年推出小巧轻便的柯达相机后，即使是不会复杂摄影术的民众也能轻松拍照，相机拍摄开始向大众推广。

相机怎么保留影像？

照相机是利用光学成像原理形成影像，并使用底片记录影像的光学设备。现今，有许多机器都具备照相机的功能，比如摄影机、智能手机、行车记录仪、医学成像设备、天文观测设备等。

当我们拍照的时候，光线会穿过一块或多块透镜，最后落在覆有一层含银物质的底片上，底片上的物质会发生变化，变化的多少取决于有多少光照射在上面，然后形成一张黑白相反的负片。之后底片会通过显像来生成看起来和拍摄对象一模一样的正片。彩色底片共有三层感光化学物质，每一层各自感应不同的光，将这些颜色合在一起，就会形成生动的彩色照片。现代数位相机可在拍照后，立即将照片传输到电脑上。

拿照相机和人类的眼睛相比，相机的镜头就相当于晶状体，光圈则相当于瞳孔，快门就如同眼皮，而相机的底片就相当于我们的视网膜。现在由于数码相机的便利性，使用底片的传统相机已经逐渐消失了。

针孔成像

针孔是一个非常细小的洞，会使所有的光线只从这个小洞中传播到另一边。针孔成像的原理是光线从物体上的每一点出发，沿着直线方向，向前发送，构成与物体上下左右相反的影像。利用针孔成像的原理，人们制作出暗箱来观察物体，将其作为辅助绘画的工具。后来有人在暗箱的成像后面加入感光材料，就成为相机的前身了。

针孔相机

最□的相机其实是黑箱，这□过针孔成像原理将影像摄□在里面。我们也可以利用这个原理试着做一个针孔相机。

材料

大头针

胶带

描图纸

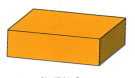
长形纸盒

步骤

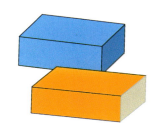

1 准备两个大小接近的长形纸盒。将小纸盒的两端剪去，其中一端用胶带粘贴描图纸。

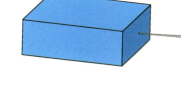

2 将大纸盒的一端剪去，另一端中心用大头针钻出小洞，作为相机的针孔。

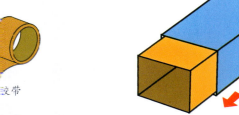

3 将小纸盒贴描图纸的那端插入大纸盒中。

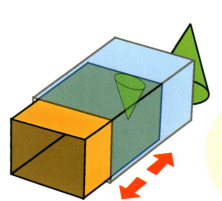

试着用针孔相机观察物体，可以在描图纸上观察到影像。

怎么让农作物稳定持续丰收呢？

今年的农作物又歉收了。因为雨量不够，作物产量大减，小麦、玉米、大豆等农作物的生长状况看起来很差。依照之前的情况，这样下去又会发生饥荒了。

今年的收成太少了！

李比希在市郊附近看到一大片农田，发现作物生长状况不好。农民脸上满布愁云，眉头深锁。他在路上还看到因为没东西吃而干瘦的穷人，还有因为粮食供不应求而在市集中无法买到食物的市民。李比希是大学化学教授，他想找个办

法改善作物收成来帮助他们。

李比希来到城郊的农田里，弯下腰仔细察看田地，发现土壤贫瘠，似乎营养不够。他说，给土地添加些营养，作物产量不就增加了吗？农民听了觉得有些好笑，认为李比希是个外行，毕竟他们的祖先世世代代都在种田。

李比希可不在乎是不是会闹笑话，他回去后开始翻阅大量的书籍。发现过去的人们不会在同一块田地不停耕种，一块田每年耕种一次就让田地休息，开垦其他田地来耕种，一年后再回来耕种原来的田地。李比希认为这是为了给田地时间恢复地力，让土壤恢复原本的营养。现在城市的人口多，再像

土地的营养不够了。

那样给田地时间恢复地力，土地作物产量不能保证大家食用。他需要找到能尽快给土地补充营养的方法。

李比希从东方古老国度的文献中发现，中国、印度等地的农民为了使作物丰收，会在土地上施用动物的粪便。李比希猜测应该是粪便中含有使土壤肥沃的成分，作物可以吸收到生长所需要的物质。但是这种方法在这里的接受度应该不高，李比希连自己都说服不了。

李比希开始进行各种实验来寻找植物所需要的养分。在实验中，凭借他的化学知识，他发现氮、氢、氧这 3 种元素是植物生长不可缺少的物质，而钾、苏打、石灰、磷等物质则对植物的生长发育能起一定的作用。

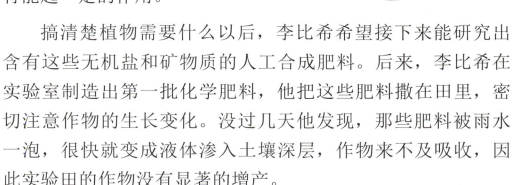

搞清楚植物需要什么以后，李比希希望接下来能研究出含有这些无机盐和矿物质的人工合成肥料。后来，李比希在实验室制造出第一批化学肥料，他把这些肥料撒在田里，密切注意作物的生长变化。没过几天他发现，那些肥料被雨水一泡，很快就变成液体渗入土壤深层，作物来不及吸收，因此实验田的作物没有显著的增产。

李比希没有放弃，于是开始新的探索。他把原本的肥料合成难溶于水的盐类，加入少量的氨，使肥料成为含有氮、磷、钾 3 种元素的白色晶体。

　　李比希把做出来的肥料撒在田里，然后种上作物。过了一段时间，这块被认为种不出东西而废弃的田地，竟然奇迹般长出绿油油的作物，而且越长越苗壮。

　　这块田的作物在这次的收获季获得大丰收，远远超过农民原本预期的产量。李比希研发的化学肥料迅速被传开来，广泛运用于农业生产中，他也成为大家敬佩的人物。更重要的是，作物的丰收，让大家都能吃饱，李比希的发明造福了大家。

科学大发明——化学肥料

在以前农耕时代，人们并不明白肥料这个概念，更不清楚是什么原因作物有时生长得好，有时却生长得差。最早的人们只知道如果一直持续在同一块土地上不间断地耕种，作物的产量会越来越低，所以他们只好放弃原本的田地去开垦新的耕地来耕种。而原本的耕地荒废一年后，再回过头来耕种会恢复原本的产量。这时，人们才明白田地耕种过后要让它休息一年恢复地力，再次耕种，作物才能丰收。因此，农民后来懂得进行轮耕。但是什么原因能让土地恢复地力，什么物质让土地又能耕种，却并没有人明白。

后来，人们发现有粪便的田地中生长的植物会长得特别好，于是学会了收集动物或人类的粪便，并把粪便撒在植物的土壤周围来促进植物生长。这大概就是人类最早使用的肥料，动物或人类的粪便就是当时使用的天然有机肥料。

工业革命以后，德国化学家尤斯图斯·冯·李比希在1840年首次发现植物生长所需要的营养成分，并且分析这些元素，发现氮、磷、钾是植物所需的

将动物粪便或植物残体做为原料，经微生物发酵、分解，最后变成有机肥料。

植物生长所需要的三大营养素是氮、磷、钾元素，这些也是化学肥料口的主要成分。

三大重要元素。李比希也以此人工合成出氮磷肥料，把肥料撒在土壤上让植物生长时充分获得营养。这便是制造化学肥料的开端，农业产量因此大增，人类饥荒的问题开始大幅减少。

而现在长期使用化学肥料造成土壤酸化、盐碱化，造成环境破坏甚至无法再耕作等问题，化学肥料的使用受到制约。许多人倡导改回过去使用的有机肥料，这样对环境影响较友好。从1920年开始，有机堆肥开始被现代化生产，有机作物成为现代人们重要的选择。

 ## 发展简史

史前时代

肥料尚未使用以前，农民会用轮耕、火耕的方式，将原本耕种的土地荒废放置，过一段时间等地力恢复后再回来种植。

农耕时代

古时候的农民会收集动物粪便来当作植物的肥料。

1840 年

德国化学家尤斯图斯·冯·李比希发现植物所需的营养，并且人工制造出化学肥料，使田地不再贫瘠，饥荒问题也大幅减少。

1920 年

由于环保意识增强，现代许多农民使用堆肥技术做出有机肥料来发展有机农业。

科学充电站

肥料为什么能让植物生长变好？

　　无论是天然的有机肥料或是人工合成的化学肥料，它们都具备植物生长发育所必需的多种营养元素。植物生长所需要的元素可分为主要元素和次量元素，氮、磷、钾是植物所需的三大主要营养元素，而钙、镁、硫等则称为次量元素。这些元素都能够促进植物的生长，氮可以促进植物的茎和叶子的生长，磷则是促进植物的花及果实的发育，钾会促进植物茎的生长。

　　从无机化合物、矿物中提炼制成的肥料称为化学肥料，也称为无机肥料或合成肥料。与有机肥料相比，化学肥料有效成分含量高，且体积小，运输和使用都较方便，但一次用量不能太多。化学肥料大多易溶于水，容易被植物吸收利用，是速效性肥料，但易受潮结成硬块，造成养分流失或使用不便。然而，化学肥料所含的多余成分会对土壤和作物产生不良影响，长期使用过多易使土壤酸化，土质变差，还可能导致环境污染。

废弃有机肥

淘米水有机肥

落叶肥

厨余肥

　　现代许多农民投入有机农业而改用有机肥料来代替化肥，回归传统，使用动物粪便堆肥。有机肥料使用前需经过微生物发酵，越发酵，肥效越佳。虽然耗时，不过不会造成环境破坏或污染问题，但需要用密封的容器收藏，不然通常会在发酵过程中发出恶臭。

鸡蛋肥料

除了使用人工造的化学肥料，也可以用天然的有机肥料给植物营养。鸡蛋壳里面的钙通过土壤的微生物分解，也能让植物吸收当肥料呢。

材料

鸡蛋壳

研磨工具

步骤

1 使用过的鸡蛋壳先用水将里面的蛋液洗净，再放到室外晾干。

2 等1至2天后，鸡蛋壳就会变干变脆，可以先用手将蛋壳弄成小碎块。

3 把碎蛋壳放进研磨工具中捣碎成更细小的碎块。（越碎越好，接近粉末状）

拨开花盆表层的土壤，将粉碎后的蛋壳直接埋进花土里，再用泥土填好，让其慢慢吸收即可。